CHUPASANGRES

ESPELUZNANTES PERO GENIALES

Nicola Lopetz
Traducción de Sophia Barba-Heredia

Un libro de El Semillero de Crabtree

CRABTREE
Publishing Company
www.crabtreebooks.com

ÍNDICE

¡QUEREMOS CHUPAR TU SANGRE!

Los animales tienen diferentes formas de conseguir comida. Los **carnívoros** cazan sus **presas**. Los herbívoros solo comen plantas. Algunos animales sobreviven solo tomando sangre.

¿ESPELUZNANTE O GENIAL?

Una garrapata se adhiere a un **huésped** usando una punzante parte de su cuerpo cercana a la boca. Luego entierra su cabeza en el huésped y empieza a succionar, ¡a veces hasta por dos horas!

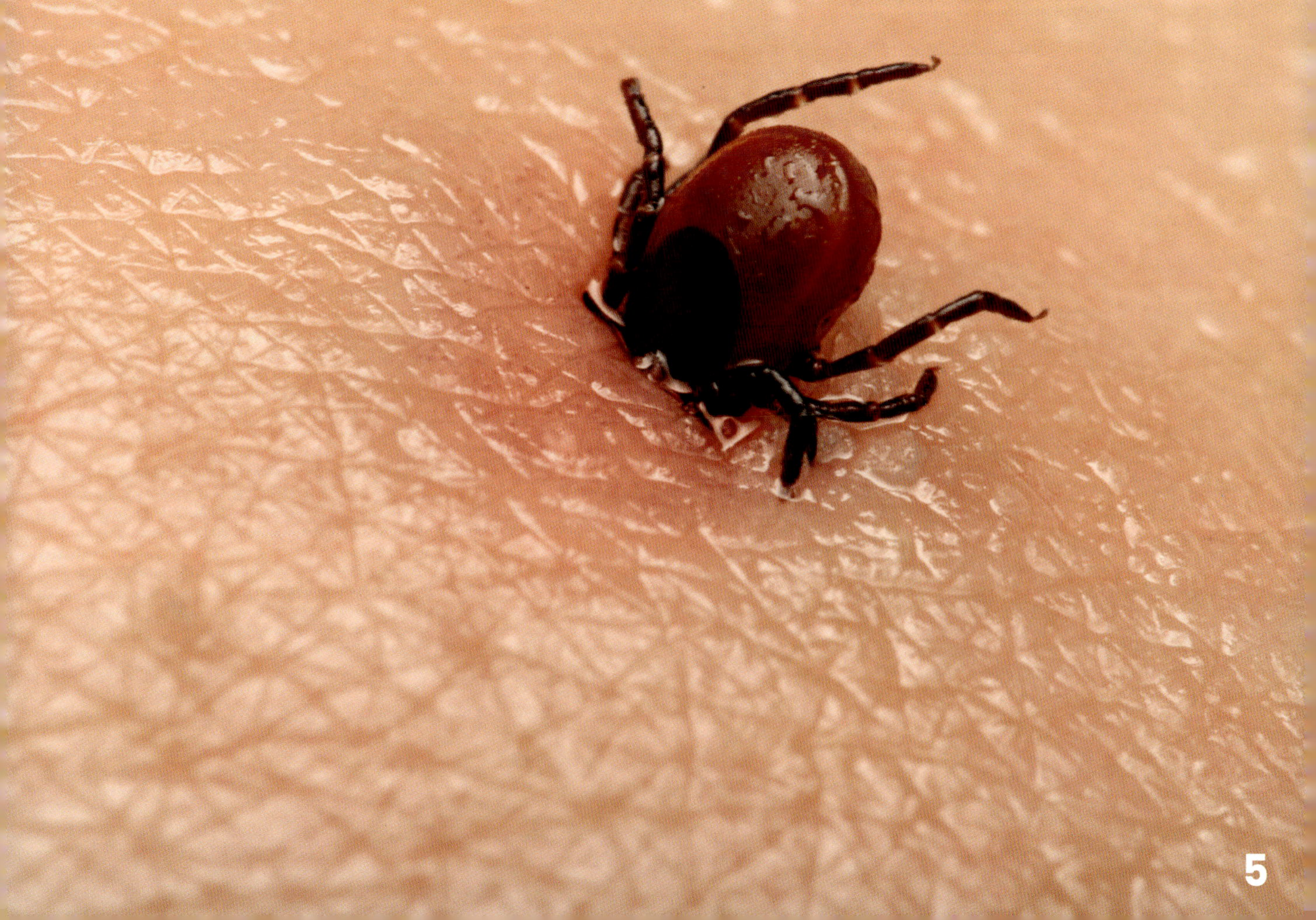

Las sanguijuelas son un tipo de gusano. Tienen una ventosa al final del cuerpo para adherirse al huésped. Las sanguijuelas que beben sangre tienen dientes filosos para serruchar la piel de sus huéspedes.

¿ESPELUZNANTE O GENIAL?

Las sanguijuelas tienen químicos en su saliva que evitan que la sangre se coagule. Esto ha hecho que algunos doctores les encuentren utilidad en el tratamiento de pacientes.

La mayoría de las sanguijuelas viven en agua dulce, pero algunas pueden ser encontradas en tierra o en el océano.

¿Sangr... elicioso y nutritivo?

La sangre está llena de **proteínas** y **vitaminas**. Esas son buenas noticias para los animales que se alimentan solo de sangre.

AVES SEDIENTAS DE SANGRE

No hay ningún pájaro que se alimente solo de sangre, pero hay algunos que beben sangre como parte de su dieta.

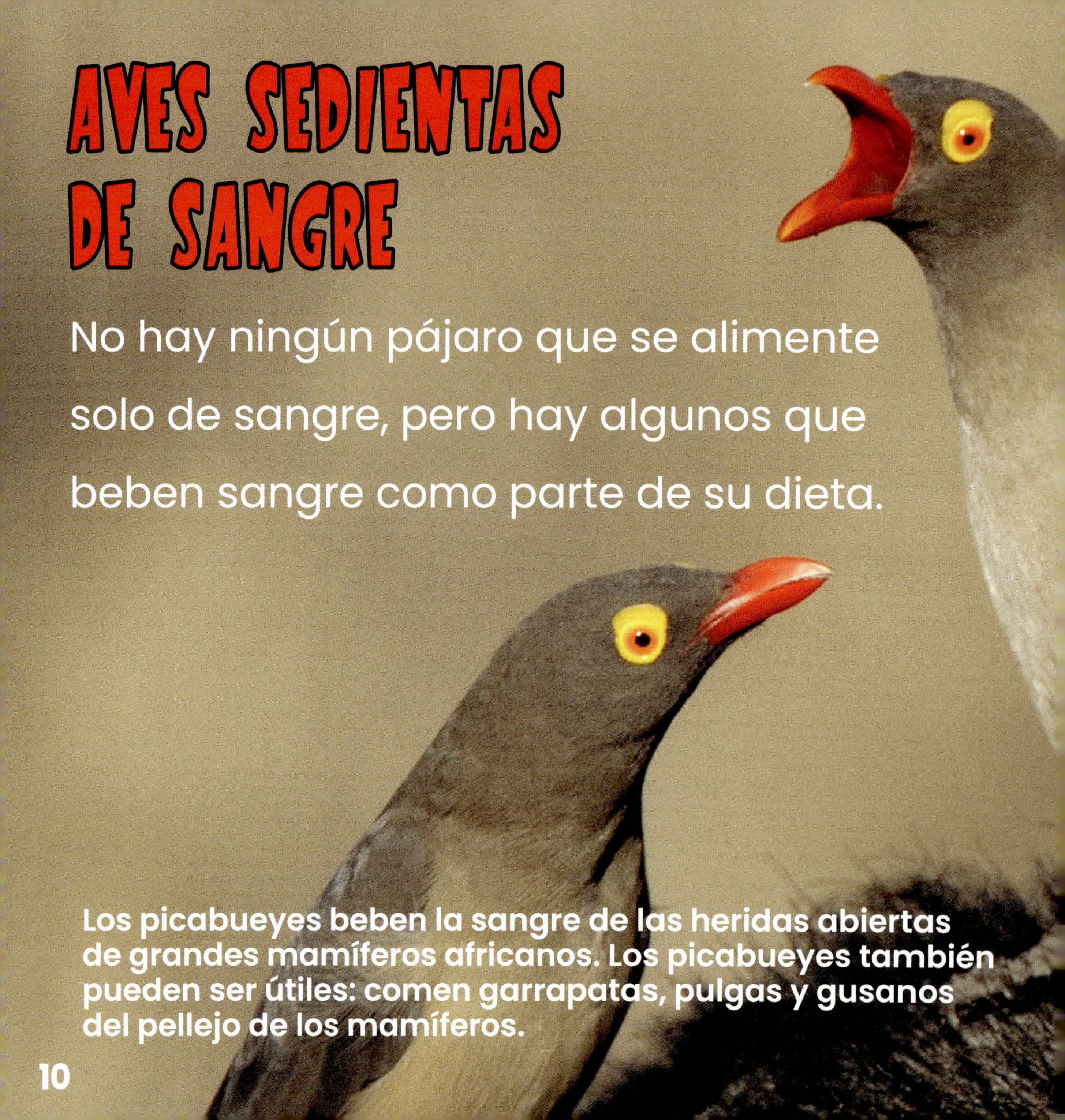

Los picabueyes beben la sangre de las heridas abiertas de grandes mamíferos africanos. Los picabueyes también pueden ser útiles: comen garrapatas, pulgas y gusanos del pellejo de los mamíferos.

¿ESPELUZNANTE O GENIAL?

Los picabueyes también comen la cera de las orejas y la caspa de los mamíferos.

Las aves no tienen dientes. Muchas aves tienen picos filosos para apuñalar, cortar o despedazar.

El sinsote de Española vive en las Islas Galápagos. A veces se alimenta de la sangre de aves marinas heridas.

¿ESPELUZNANTE O GENIAL?

El pinzón de Darwin chupasangre o pinzón vampiro también vive en las Islas Galápagos. Usa su pico para hacer cortes en las aves de mar y después sorber su sangre.

MURCIÉLAGOS CHUPASANGR

Existen más de mil tipos diferentes de murciélagos en el mundo. Solo tres tipos beben sangre. ¡Fiuf!

¿ESPELUZNANTE O GENIAL?

Los tres tipos de murciélagos que beben sangre son:

1. El vampiro común.
2. El vampiro de alas blancas.
3. El vampiro de patas peludas.

Los murciélagos vampiro viven en México, América Central y América del Sur.

Los murciélagos vampiro comunes se acercan furtivamente a animales más grandes. Les pinchan la piel y absorben su sangre.

Como todos los murciélagos vampiro, los murciélagos vampiro de alas blancas se alimentan solo de sangre.

INSECTOS INFECTADOS

Los mosquitos portan una cantidad considerable de **enfermedades** graves. Propagan enfermedades al transferir sangre **infectada** a diferentes personas.

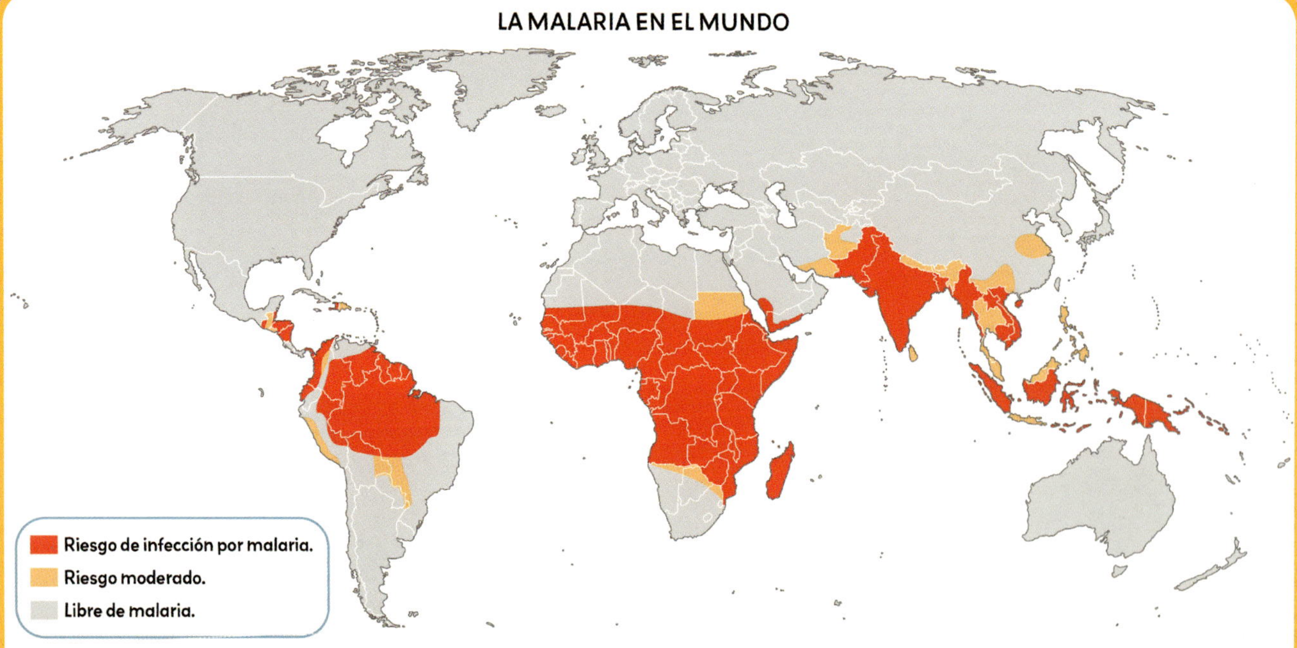

La malaria es una de las enfermedades más mortales propagadas por mosquitos.

¿ESPELUZNANTE O GENIAL?

Solo los mosquitos hembra beben sangre. La necesitan para producir huevos.

El mosquito empuja su **probóscide** dentro de la piel de la víctima. Chupa la sangre a través de la probóscide, usándola como una pajilla.

Las pulgas son pequeñas, pero seguro pueden hacer la vida miserable. Se alimentan de animales de sangre caliente, ¡incluyendo a los humanos!

Las pulgas tienen órganos especiales en la boca con los que perforan la piel y chupan la sangre.

«Buenas noches, duerme bien ¡y cuida que la chinche no te pinche!».

Las chinches viven en almohadas y colchones. Usualmente se alimentan en la noche, mientras sus víctimas están durmiendo.

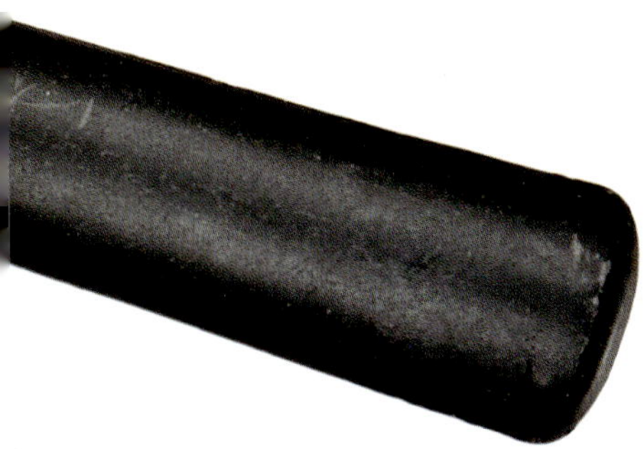

¿ESPELUZNANTE O GENIAL?

Los piojos viven en el cabello de los humanos y se alimentan de la sangre del cuero cabelludo.

PECES HAMBRIENTOS

La lamprea marina parece inofensiva hasta que miras su boca. ¡Ugh! La boca de una lamprea marina es como una poderosa copa succionadora repleta de filas circulares de dientes.

¿ESPELUZNANTE O GENIAL?

Ya sea que creas que son geniales o espeluznantes, las creaturas de este libro beben sangre para mantenerse vivas.

I like riding

Bobbie Kalman

Crabtree Publishing
crabtreebooks.com

Created by Bobbie Kalman

Crabtree Publishing

crabtreebooks.com 800-387-7650

In Canada: We acknowledge the financial support of the Government of Canada through the Canada Book Fund for our publishing activities.

Hardcover 978-0-7787-9550-6
Paperback 978-0-7787-9575-9
Ebook (pdf) 978-1-4271-9657-6

Printed in Canada/022024/CP20240221

Library and Archives Canada Cataloguing in Publication

Kalman, Bobbie, 1947-
I like riding / Bobbie Kalman.

(My world)
Issued also in electronic format.
ISBN 978-0-7787-9550-6 (bound).--
ISBN 978-0-7787-9575-9 (pbk.)

1. Vehicles--Juvenile literature. I. Title. II. Series: My world (St. Catharines, Ont.)

TL147.K34 2011

Published in Canada
Crabtree Publishing
616 Welland Avenue
St. Catharines, Ontario
L2M 5V6

Published in the United States
Crabtree Publishing
347 Fifth Avenue
Suite 1402-145
New York, NY 10016

Author and Editor-in-Chief: Bobbie Kalman
Educational consultants: Elaine Hurst, Joan King, Jennifer King
Notes for adults: Jennifer King
Editors: Kathy Middleton, Crystal Sikkens
Design: Bobbie Kalman, Katherine Kantor
Print and production coordinator: Katherine Kantor
Prepress technician: Katherine Kantor
Photo research: Bobbie Kalman
Photographs: iStockphoto: front cover (right)
Other photographs by Shutterstock

Library of Congress Cataloging-in-Publication Data

Kalman, Bobbie.
I like riding / Bobbie Kalman.
p. cm. -- (My world)
ISBN 978-0-7787-9575-9 (pbk. : alk. paper) --
ISBN 978-0-7787-9550-6 (reinforced library binding : alk. paper) --
ISBN 978-1-4271-9657-6 (electronic (pdf))
1. ransportation--Juvenile literature. 2. Choice of transportation--Juvenile literature. I. Title.

HE152.K35 2011
388.3--dc22

2010046420

Words to know

bike

car

horse

plane

pony

race car

school bus

train

I like riding my bike.

I like riding my bike fast.

I like riding my pony.

I like riding my horse.

I like riding in my school bus.

I like riding the bus with my friends.

I like riding in my mother's car.

I like riding in my race car.

I like riding on a train.

I like flying in a plane.

What would you like to ride?

skateboard

scooter

boogie board

Would you ride a huge grasshopper?

Notes for adults

Objectives

- to have children share what they like to ride and why
- to teach children vocabulary words related to riding

Before reading the book

Write these frequently used words on the board:
a, I, in, like, my, on, the, to, with, you
Point to the dragon ride on the title page and ask the children:
"What are the children riding?"
"Where are the children riding?"
"What else can you ride at an amusement park?"

Questions after reading the book

Ask the children about each picture.
"Who likes to ride a horse? Why?"
"Who likes to ride a boogie board? Why?"
Amplify! Encourage deeper thinking by asking specific questions:
Adult: "Who rides a surfboard?"
Children: "A surfer rides a surfboard."
Ask the children which of them would ride a huge grasshopper! What would it be like to ride one?

Activity: Act it out!

Have the children draw or paint a picture of what they would like to ride and ask them to act it out. Ask them to come up with their own actions and sounds for everything in the book they could ride. Example for flying: Arms stretched out for takeoff! Ask the children to think of the sound an airplane makes, too.

Say it another way

Ask the children to say each of the sentences in the book using the infinitive rather than using the "ing" endings of the present progressive tense.
Example: "I like riding my bike." can also be said as "I like to ride my bike."
Then turn to pages 14 and 15 and do it in reverse. Have them answer the questions with "ing" endings.
Example: "I like to ride a scooter." changes to "I like riding a scooter."

Dance it!

Play a song by The Beach Boys and have the children move as if they were on a surfboard or boogie board.

Extension

Ask the children how they have changed their activities by giving this example: "When I was three years old, I used to ride the merry-go-round. Now I ride the roller coaster." (a bicycle instead of a tricycle, a horse instead of a pony, and so on)

For teacher's guide, go to www.crabtreebooks.com/teachersguides